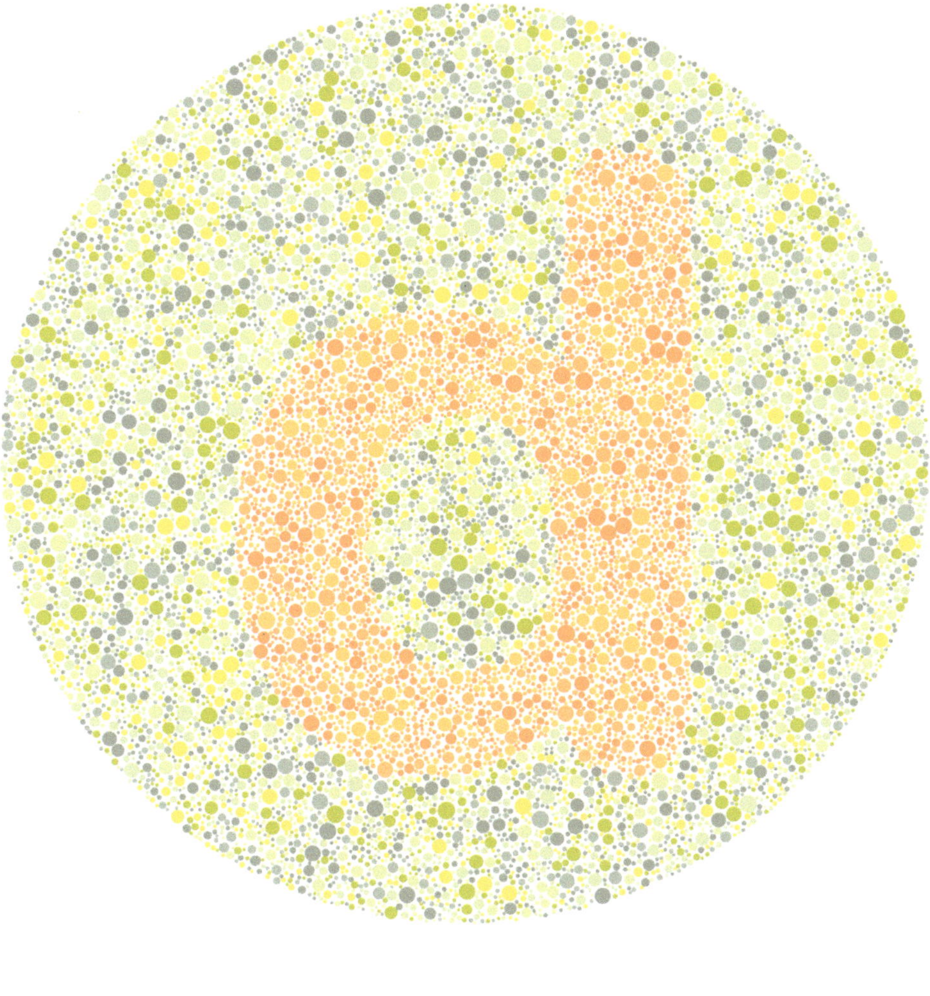

H

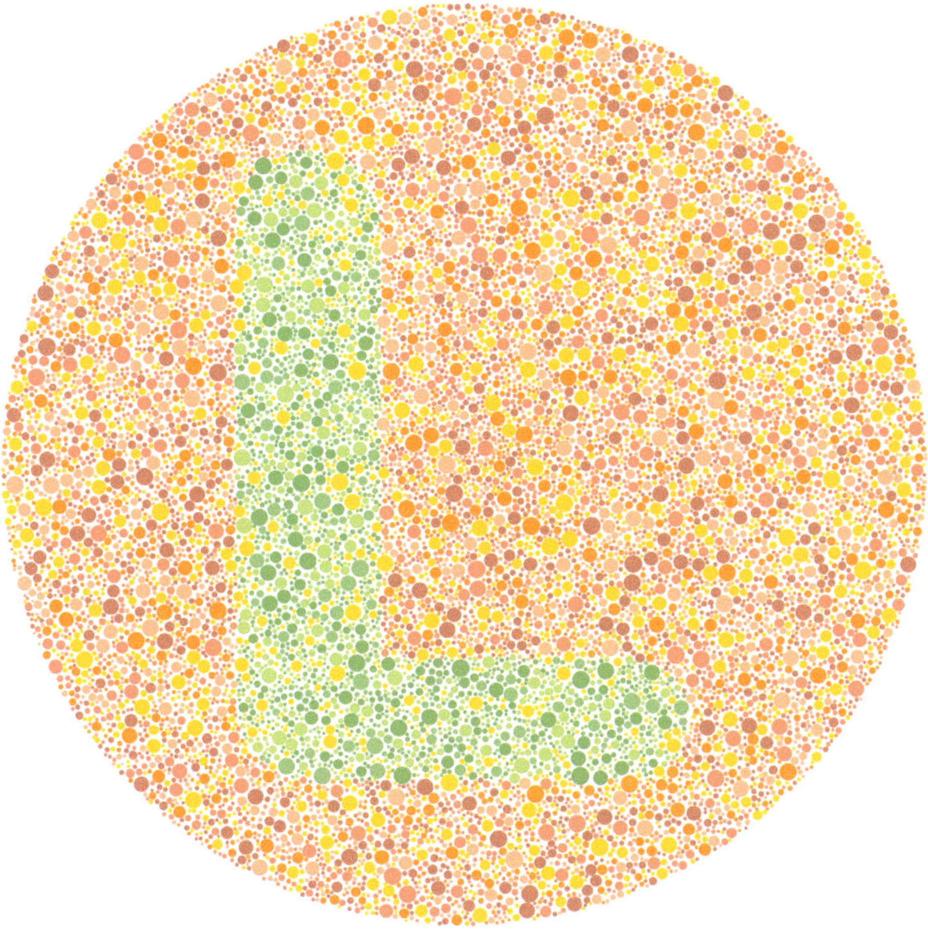
L

Q

S

Z

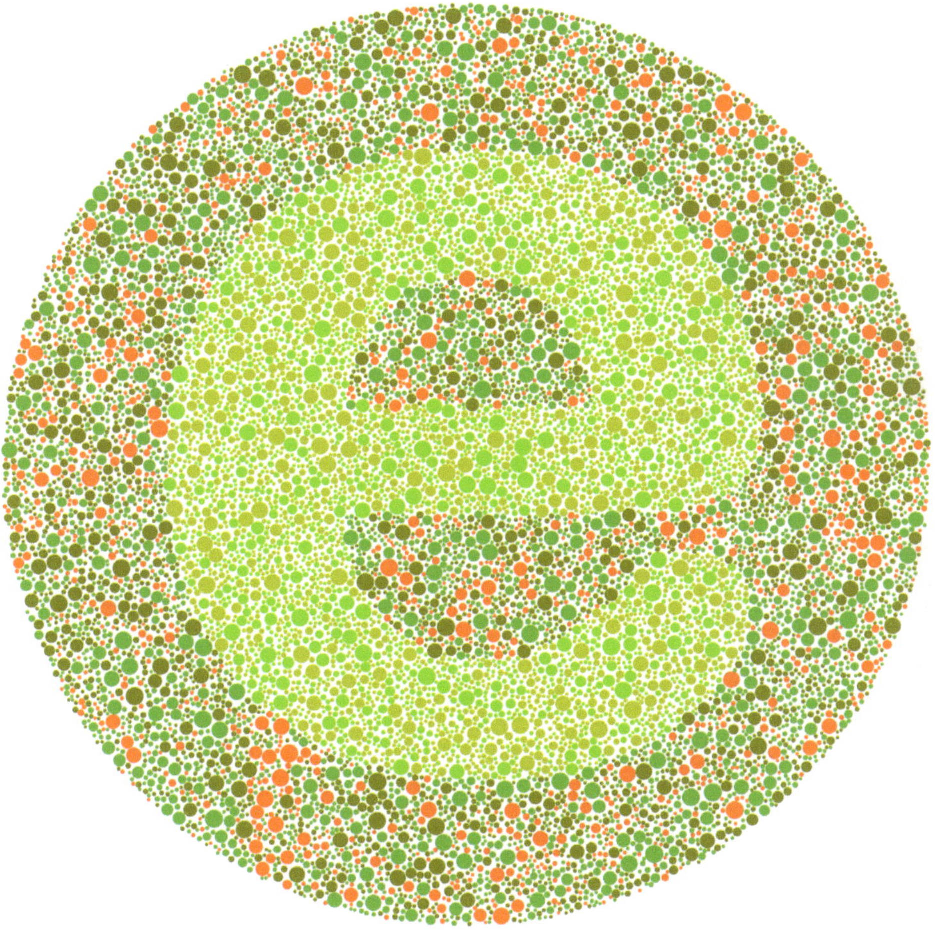

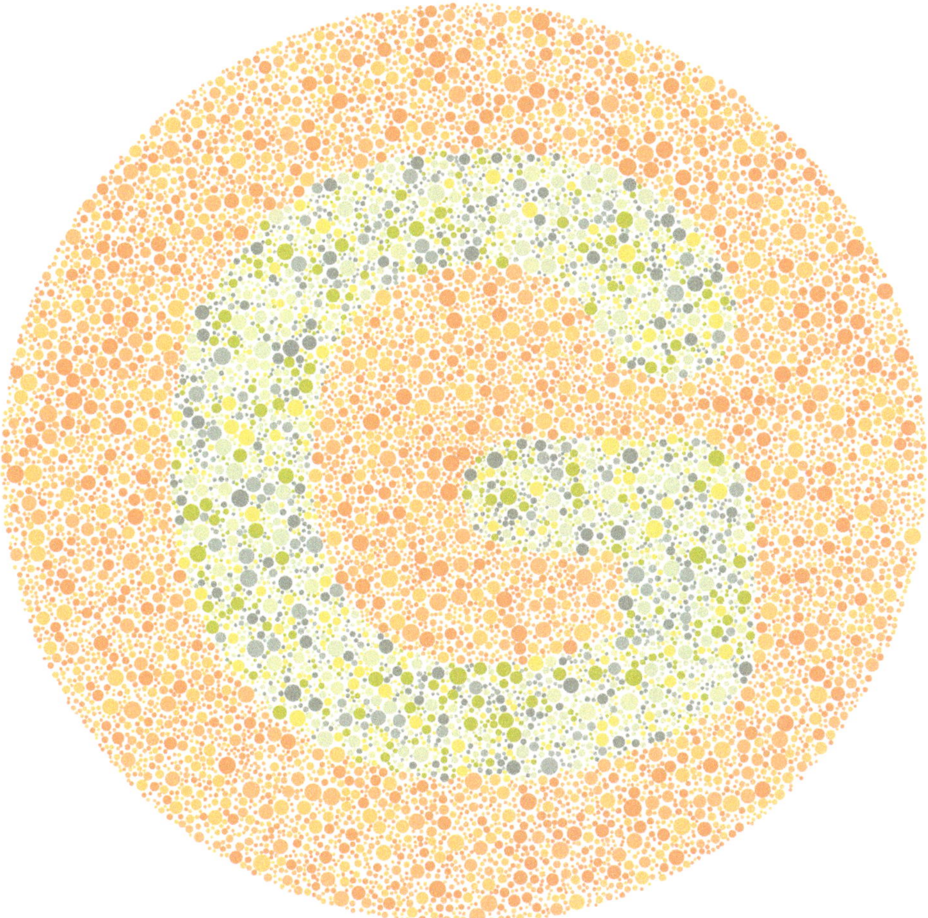

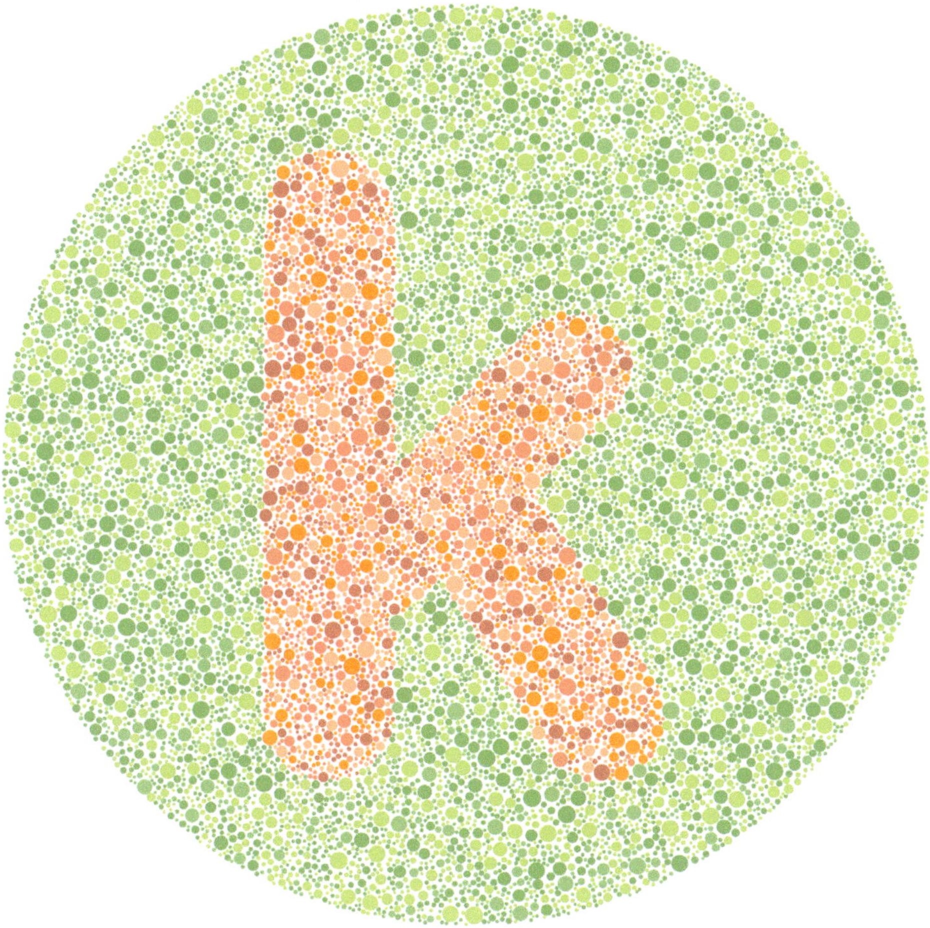
k

r

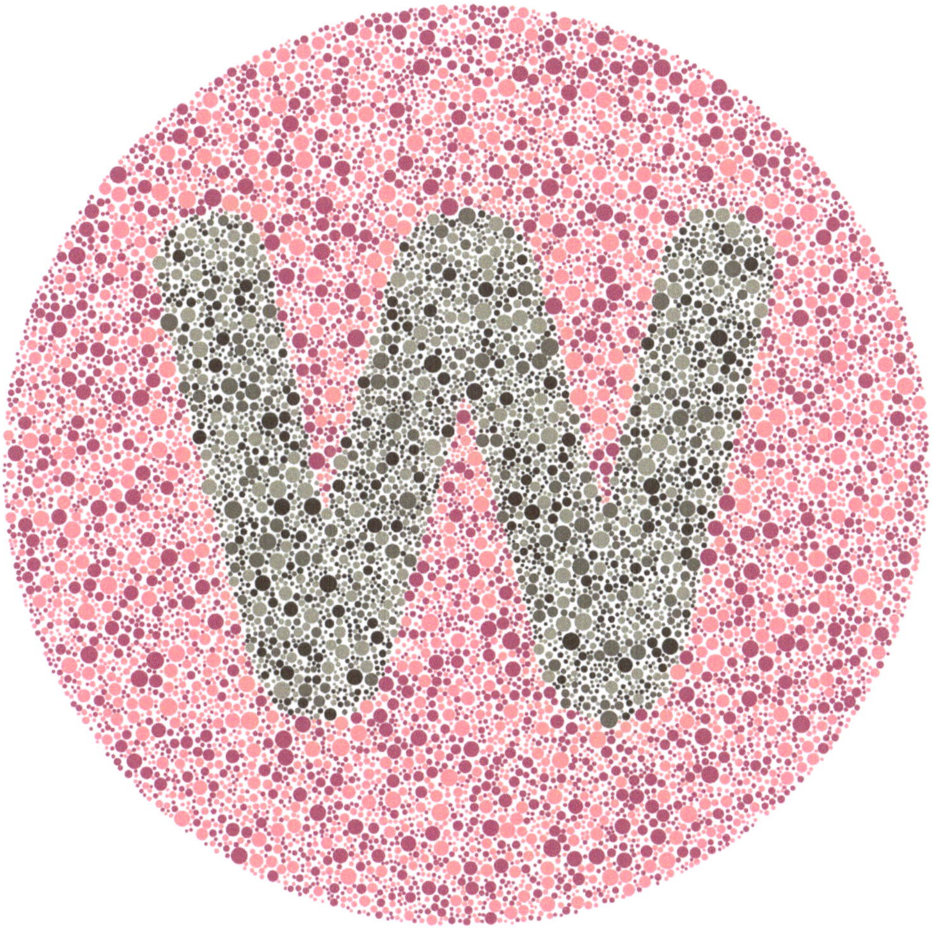
W

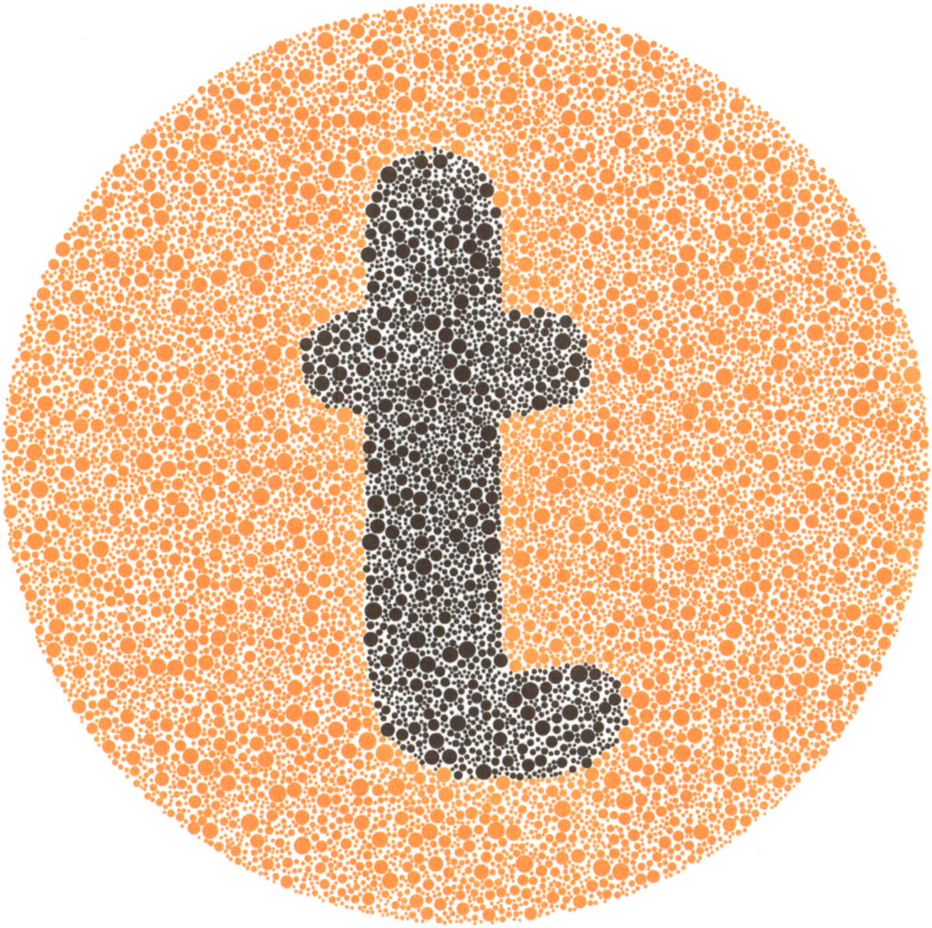
t

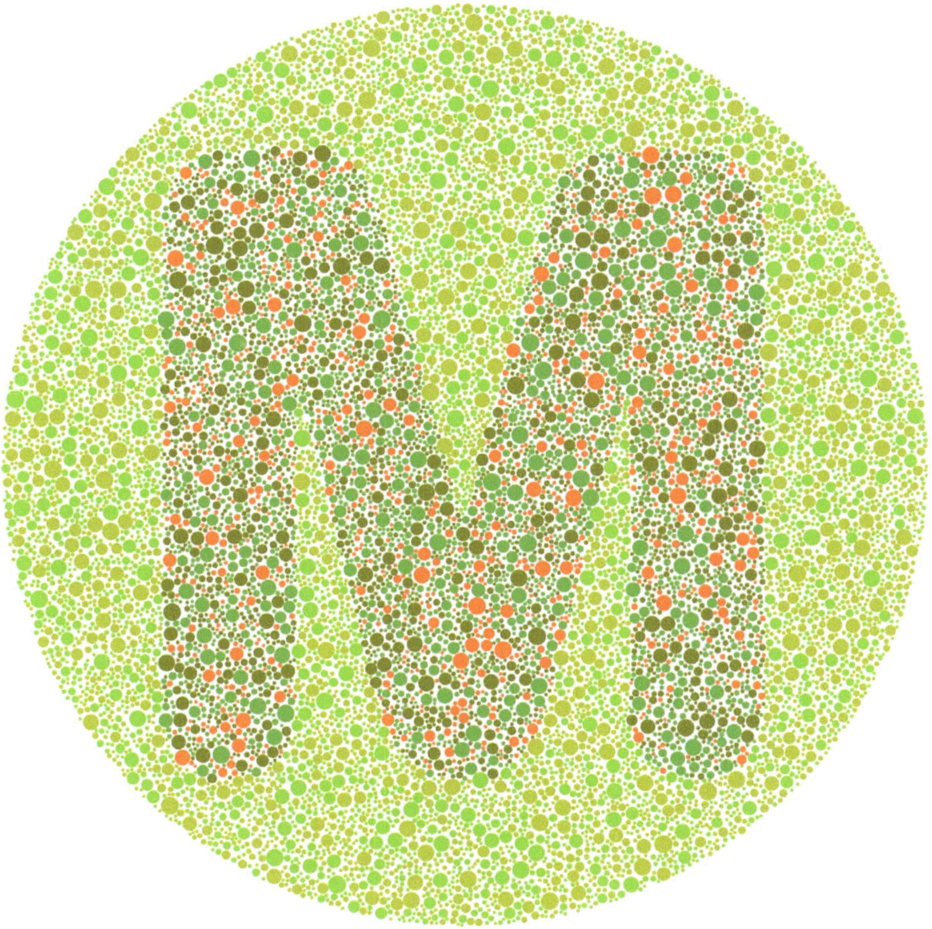

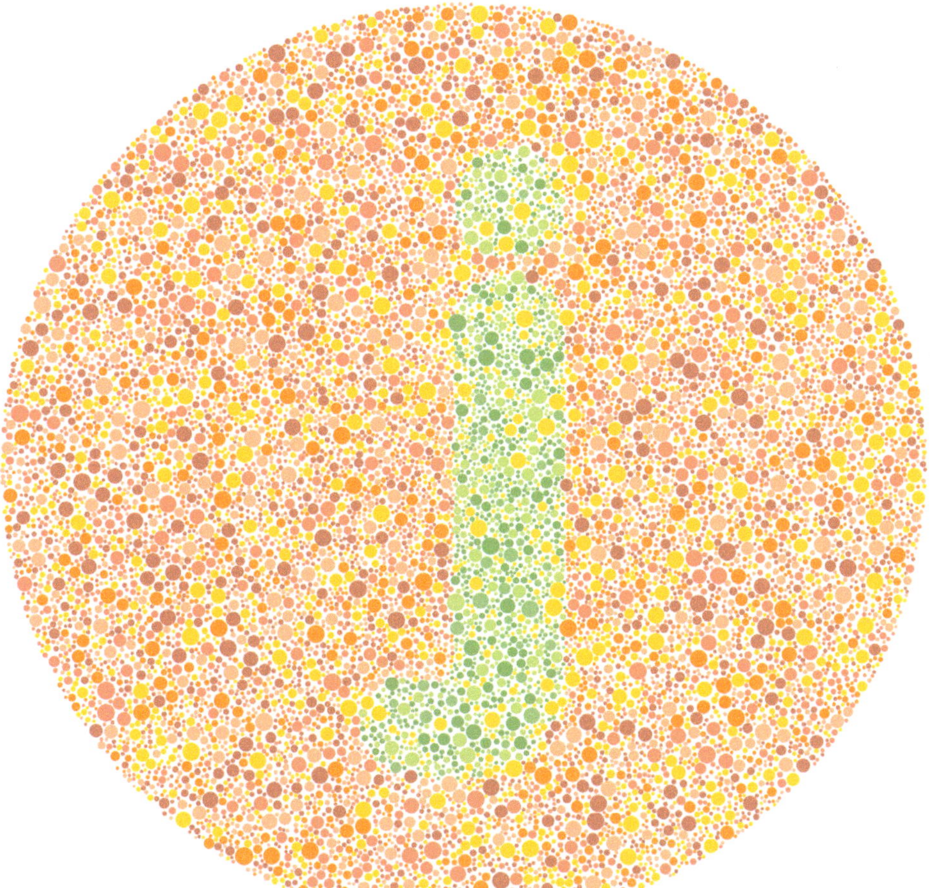
1

www.ingramcontent.com/pod-product-compliance
Lightning Source LLC
Chambersburg PA
CBHW050922290526
45792CB00002B/861
* 9 7 9 8 8 6 6 6 3 2 6 8 8 *